BEI GRIN MACHT SICH IHR WISSEN BEZAHLT

Bibliografische Information der Deutschen Nationalbibliothek:

Die Deutsche Bibliothek verzeichnet diese Publikation in der Deutschen National-
bibliografie; detaillierte bibliografische Daten sind im Internet über http://dnb.d-
nb.de/ abrufbar.

Impressum:

Copyright © 2011 GRIN Verlag
Druck und Bindung: Books on Demand GmbH, Norderstedt Germany
ISBN: 9783668705906

Anonym

Entwicklung von Problemlösefähigkeiten im Mathematikunterricht einer 9. Klasse

GRIN Verlag

GRIN - Your knowledge has value

Der GRIN Verlag publiziert seit 1998 wissenschaftliche Arbeiten von Studenten, Hochschullehrern und anderen Akademikern als eBook und gedrucktes Buch. Die Verlagswebsite www.grin.com ist die ideale Plattform zur Veröffentlichung von Hausarbeiten, Abschlussarbeiten, wissenschaftlichen Aufsätzen, Dissertationen und Fachbüchern.

Besuchen Sie uns im Internet:

http://www.grin.com/

http://www.facebook.com/grincom

http://www.twitter.com/grin_com

Ausführliche schriftliche Stundenvorbereitung

im Rahmen des Vorbereitungsdienstes für das
Lehramt an Mittelschulen
Kurs: 19

Fach: Mathematik

Stundenthema: Einführung Pyramide

Unterrichtsbesuch Nr.: ███████████

Klasse: 9a   **Datum:** ████████

                                 Zeit: ████████

Schule: ████████

Inhaltsverzeichnis

1. Bedingungsanalyse

    1.1 Organisatorische und technische Rahmenbedingungen an der Schule

    1.2 Analyse der Lerngruppe

2. Einordnung der Stunde in den Lernbereich

    2.1 Tabellarische Lernbereichsplanung

    2.2 Inhalt und Aufbau der vorangegangenen und folgenden Stunde

3. Fachwissenschaftliche Analyse

4. Fachdidaktische Analyse

5. Lernziele

6. Verlaufsplanung

7. Literaturverzeichnis

8. Anhang

1. Bedingungsanalyse

1.1 Organisatorische und technische Rahmenbedingungen an der Schule

Die ███████████████ ist eine Mittelschule der ██████████ und befindet sich im Stadtteil Lößnig, umgeben von einem Neubaugebiet. Eine besondere Situation ergibt sich im Schuljahr 2012/2013 durch die Sanierung des Schulgebäudes und des damit verbundenen Umzuges in die Christian-Felix-Weiße-Schule (███████████████ ███████) nach ███████. Die Baumaßnahmen konzentrieren sich auf einen barrierefreien Ausbau der Sanitäranlagen und des Treppenhauses. Außerdem wird die Schule den heutigen Anforderungen gemäß modernisiert. Durch die Auslagerung ergeben sich natürlich Einschränkungen. So steht z.B. kein offizieller Werkraum zur Verfügung, da einige Sicherheitsauflagen hier nicht erfüllt werden.

An der ███████████████ lernen momentan 315 Schülerinnen und Schüler, die von 30 Lehrerinnen und Lehrern in 15 Klassen unterrichtet werden. Das Kollegium wird zusätzlich durch zwei Schulsozialarbeiter und eine Bibliothekarin unterstützt. Im aktuellen Schuljahr wird die Klassenstufe 5 vierzügig, die Klassenstufe 6 dreizügig und übrigen Jahrgangsstufen zweizügig unterrichtet. Eine eigenständige Hauptschulklasse wurde nur in der 9. Jahrgangsstufe gebildet, ansonsten erfolgt der abschlussbezogene Unterricht ab Klasse 7 mit Hilfe einer äußeren Differenzierung in Form von Gruppenbildung in den Hauptfächern.

Seit dem Schuljahr 2007/2008 findet ausschließlich Blockunterricht statt. Daraus ergeben sich folgende Unterrichts- und Pausenzeiten:

Stunde	Beginn	Ende
1. Block	8:00 Uhr	9:30 Uhr
20 Minuten Pause	9.30 Uhr	9:50 Uhr
2. Block	9.50 Uhr	11:20 Uhr
15 Minuten Pause	11.20 Uhr	11:35 Uhr
3. Block	11:35 Uhr	13:05 Uhr

40 Minuten Pause	13:05 Uhr	13:45 Uhr
4. Block	13:45 Uhr	15:15 Uhr

2   Tab. 1: *Unterrichtszeiten*

Unsere Schule ist mit dem Qualitätssiegel Lions-Quest "Erwachsen werden" ausgezeichnet. Das Programm zielt auf die Förderung der sozialen und kommunikativen Kompetenzen von Schülerinnen und Schülern im Alter von zehn bis etwa 15 Jahren und leistet somit einen entscheidenden Beitrag zur schulischen Sucht- und Gewaltprävention sowie zur Berufsvorbereitung.

In der ███████████████ wird in jeder Pause, bis auf die 15 Minuten Pause nach dem zweiten Block, auf den Hof gegangen. Diese Hofpausen dienen einerseits zur Nahrungsaufnahme und andererseits zum Ausleben des natürlichen Bewegungsdranges. Die dadurch erreichte geistige Erholung dient zur weiteren effektiven Arbeit in den kommenden Blockeinheiten. Nach dem dritten Block haben die Schülerinnen und Schüler die Möglichkeit, an der Schulspeisung teilzunehmen oder auf dem Freigelände Mittag zu essen. Nach dem Unterricht besteht für die Schüler die Möglichkeit, das Ganztagsangebot der ███████████████████ zu nutzen, welches neben der Freizeitgestaltung auch Hausaufgabenbetreuung und individuelle Förderung umfasst.

Die geplante Unterrichtsstunde für den zweiten Unterrichtsbesuch im Fach Mathematik beginnt am Mittwoch um 9.50 Uhr. Dies ist der zweite Block für die Klasse 8a und wird im Unterrichtsraum 102 im Haus 1 durchgeführt und ist das Klassenzimmer der Klasse 6b. Es sind dennoch fast alle für den Mathematikunterricht benötigten Materialien, wie z.B. Geodreieck, Tafellineal, Zirkel und Overheadprojektor vorhanden. Spezielle Materialien, wie z.B. Lochschablone, Sinuskurve oder Hohlkörper, müssten vor Unterrichtsbeginn organisiert werden.

2.1 Analyse der Lerngruppe

In der Klasse 9a lernen derzeit 23 Schüler, 10 Jungen und 13 Mädchen im Realschulbildungsgang. Die Klasse besteht, seit in der 7. Klasse die Bildung einer Hauptschulklasse aus allen bestehenden Klassen 6 erfolgte. Seit diesem Zeitpunkt werden sie durch Frau ████████, die Klassenleiterin, begleitet. Zu Beginn dieses Schuljahres wurde die Klasse durch████████und ████████, beide vom Gymnasium, erweitert. Beide Schüler wurden sehr gut in die Klasse integriert.

Die Klasse 9a ist insgesamt eine befriedigende Klasse. Als Leistungsspitzen sind vor allem ████████ und ████████ hervorzuheben. Eine zusätzliche Förderung im Unterricht ist anzustreben. Auch ████████ ist eine gute Schülerin. Mathematik fällt vor allem ████████, aber auch ████████schwer.

Mitarbeit und Lernbereitschaft sind unterschiedlich ausgeprägt. Besonders ████████ vertritt hin und wieder eine Mitarbeit verweigernde Haltung. Erwähnenswert ist die vereinzelte die Bildung von Lerngruppen. Ermöglicht wir dies vor allem dadurch, dass ausschließlich 6 Schüler mit dem Bus zur Schule kommen. Alle weiteren wohnen in ████████. Die Einhaltung von Terminen ist zumeist unzureichend.

Ein besonders schwieriger Schüler ist ████████. Im vergangenen Schuljahr wechselte er vom Hauptschul- in den Realschulbildungsgang. Mathematik fällt ihm sehr schwer. Darüber hinaus schreibt er Tafelbilder und Übungen nicht mit. Arbeitsmittel und Hausaufgaben fehlen häufig. Im Unterricht fällt er dadurch häufig negativ auf und fordert zudem durch störendes Verhalten die Aufmerksamkeit des Lehrers ein. Nach einem Elterngespräch, welches vor kurzem erfolgte, hoffe ich auf eine Verbesserung der Situation. Langfristig und fachübergreifend muss mit ihm an einer lernwilligen Einstellung gearbeitet werden.

Eine selbstgewählte Außenseiterrolle nimmt ████████ ein. Sie nimmt nur selten an Veranstaltungen der Klasse teil. Sportliche Aktivitäten zu Wandertagen meidet sie. Darüber hinaus bekennt sie sich offen zur rechten Szene. Die Beobachtung dieser Entwicklungen wird Thema eines Elterngespräches sein.

2. Einordnung der Stunde in den Lernbereich

Lernbereich 2: Pyramide, Kreiskegel, Kugel	28 Ustd.

Übertragen von Verfahren des Darstellens von Körpern auf Pyramiden und Kreiskegel	→ Kl. 7, LB 4
- Schrägbildskizze für Pyramide und Kreiskegel	Beschränkung auf gerade Körper mit regelmäßiger oder rechteckiger Grundfläche
- Netz, Schrägbild und senkrechtes Zweitafelbild für gerade Pyramiden	Differenzierungshinweis: Darstellungen mit weiteren Verzerrungswinkeln und -verhältnissen im Schrägbild
Beherrschen des Berechnens	
- der Kantenlänge, Körperhöhe und Seitenhöhe einer Pyramide	
- der Mantellinie eines Kreiskegels	
- des Mantel- und Oberflächeninhalts, des Volumens und der Masse von Pyramiden und Kreiskegeln	
- des Oberflächeninhalts und Volumens der Kugel	Kubikwurzel
Anwenden des Berechnens und des Darstellens auf zusammengesetzte Körper	→ Kl. 7, LB 4
	⇒ Methodenkompetenz
	Bauwerk, Werkstück, Behälter, Materialbedarf

2.1 Tabellarische Lernbereichsplanung

Allgemeine fachliche Ziele:

Entwickeln von Problemlösefähigkeiten
Bei der Lösung von komplexeren Aufgabenstellungen wählen die Schüler entsprechende Verfahrensweisen aus, planen und realisieren Lösungswege, wobei sie auch auf heuristische Strategien zurückgreifen.

Entwickeln des Anschauungsvermögens
Die Schüler sind in der Lage zu komplexeren Aufgabenstellungen mögliche Veranschaulichungsformen auszuwählen und anzuwenden.
Sie übertragen ihre Kenntnisse zum Darstellen von Körpern auf Pyramiden, Kreiskegel und zusammengesetzte Körper.

Erwerben grundlegender Kompetenzen im Umgang mit ausgewählten mathematischen Objekten
Die Schüler [...] erweitern ihre Kenntnisse über geometrische Objekte, [...].

Klasse 9 LB 2: Pyramide, Kreiskegel, Kugel Zeitrichtwert 28 Ustd.

Thema/Inhalt	Std.	Lernzielebene	Methoden	Material, HA, Bemerkungen
Wiederholung				
- Darstellungsverfahren: Körpernetz, Schrägbild, Zweitafelprojektion	1 – 3	Kennen	FU, EA	Körperkoffer
- berechnen des Volumens und der Mantel-/Oberfläche von Zylinder und Prisma		Beherrschen		
Einführung Pyramide				
- Wiederholung Begriff, Merkmale	5 – 9	Kennen	FU, EA	Körperkoffer,
- Darstellung (Netz, Schrägbild/-skizze, senkrechtes Zweitafelbild)		Übertragen		bewertete HA (Konstruktion)
- berechnen der Seitenhöhe, Kantenlänge		Beherrschen		Modelle Pyramide

7

mittels Satz des Pythagoras				

weitere Berechnungen an der Pyramide
- berechnen von Volumen und Masse
  sowie vom Oberflächeninhalt
- vielfältige Übungen (auch Zylinder,
  Prisma)
- LK (Pyramide)
	10 – 14	Beherrschen	Volumen: Erarbeitung in PA,
			Lehrerexperiment
			Lerntheke
				Hohlkörper Pyramide, Prisma
				(kongruente Grundfläche),
				Sand
				Aufgaben- und
				Lösungskarteikarten

Einführung Kreiskegel
- Begriff, Merkmale und Darstellung
  (Schrägbildskizze)
- berechnen der Mantellinie mittels Satz
  des Pythagoras
	15 – 16	Übertragen
		
		Beherrschen
			EA
			
			FU
				Modelle Kreiskegel,
				Körperkoffer, ABB (Anleitung
				Schrägbildskizze des
				Zylinders→ Schrägbildskizze
				des Kreiszylinders) →
				Differenzierungsmöglichkeit

Berechnungen am Kreiskegel - berechnen von Volumen und Masse sowie vom Oberflächeninhalt	17 – 19	Beherrschen	FU, EA Lehrerexperiment zum Volumen	Hohlkörper Zylinder und Kreiskegel, Sand
Einführung Kugel - Begriff - berechnen von Volumen und Masse sowie von Oberfläche	20 – 23	Beherrschen	FU	Körperkoffer, Modelle Kugel

Zusammenfassung Körper
- Systematisierung aller Körper (Name,
  Beispiel, Eigenschaften, Formeln für
  Volumen, Oberfläche, ggf. Mantelfläche)
	24	Beherrschen	EA→ ergänzen einer
			Übersicht
				ABB, Tafelwerk, Hefter,
				Abbildungen
				Körpermodelle

Zusammengesetze Körper
- Darstellung zusammengesetzter Körper
  (Zweitafelbild, Schrägbild, einfache
  Netze)
- berechnen von Volumen und Masse
  sowie Oberflächeninhalt
- 2. Klassenarbeit
	25 – 28	Anwenden	FU, EA	Körpermodelle

8

2.2 Inhalt und Aufbau der vorangegangenen und folgenden Stunde

Die vergangene Mathematikstunde der Klasse 9a liegt bereits mehr als zwei Wochen zurück. Der Grund ist die Durchführung des Berufspraktikums. Neben dieser langen Unterbrechung ist zu erwähnen, dass in der Stunde vom 04.11.2011 8 Schüler, aufgrund eines Besuches auf der Bildungsmesse, fehlten.

In der vergangenen Stunde wurde der Begriff des Prismas in Form eines Lehrer-Schüler-Gesprächs wiederholt. Anschließend mussten die Schüler verschiedene Körper beschreiben und begründend einschätzen, ob es sich um ein Prisma handelt. Dabei wurde auch Zylinder, Pyramide und Würfel benannt. Im weiteren Stundenverlauf wurde ein Prisma im Schrägbild und im Zweitafelbild konstruiert. Trotz einer Vorbesprechung und teileweise paralleler Konstruktion an der Tafel, fiel es den Schülern schwer diese Konstruktionen durchzuführen. Des Weiteren wurden vielfältige Körpernetzskizzen angefertigt. Die Exaktheit war hierbei nicht ausreichen vorhanden. Abschließend wurde eine Volumen- und Oberflächenberechnung durchgeführt.

Schon in der vorangestellten Täglichen Übung zeigte sich, dass das räumliche Vorstellungsvermögen der Schüler unzureichend ausgeprägt ist. Vielfältige Übungen sind hier in den kommenden Stunden noch notwendig.

Die kommende Stunde wird das Körpernetz der Pyramide, sowie die dafür notwendige Berechnung der Seitenhöhe mit Hilfe eines Stützdreieckes thematisieren. Zur Sicherung des Ausgangsniveaus wird die Tägliche Übung die Wiederholung des Satz des Pythagoras enthalten. Ein Modell soll im weiteren Stundenverlauf dabei helfen die räumliche Vorstellung der Schüler zu unterstützen und weiter zu entwickeln. Nach einer intensiven Vorbesprechung sollen die Schüler selbstständig die fehlenden Seitenhöhen berechnen, sowie Körpernetze zeichnen.

3. Fachwissenschaftliche Analyse

„Unter einem Körper versteht man einen von ebenen oder gekrümmten Flächen zu allen Seiten gegrenzten Teil eines Raumes. Wird ein Körper ausschließlich von Vielecken begrenzt, so bezeichnet man ihn als Polyeder." (Nitschke, 2005: S.40) Als Beispiele für Körper seien Würfel, Quader, Prisma, Zylinder, Kugel, Kegel und Pyramide genannt.

Eine Gerade *e* sei in einem (endlichen) Punkt *S* drehbar gelagert und werde längs eines (geschlossenen) ebenen Polygons, das *S* nicht enthält, geführt. *e* überstreicht dabei eine *Pyramidenfläche*. Der feste Punkt *S* heißt *Spitze* oder der Scheitel, jede Lage von *e* eine *Erzeugende* der Pyramidenfläche.

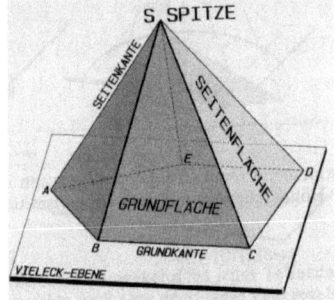

Schneidet die Erzeugende eine Ecke des zugrunde liegenden Polygons, so heißt sie *Seitenkante*. Der Schnitt der Erzeugenden mit einer Polygonseite nennt man *Grundkante*. Die einzelnen ebenen Begrenzungsflächen sind die *Seitenflächen* der Pyramidenfläche. Die Gesamtheit der Seitenflächen, also die Pyramidenfläche, wird auch *Mantel* genannt. (vgl. Bereits,1964: S. 140)

Abbildung 3: Merkmale der Pyramide
Quelle: Barth u.A., 1194: S. 151

Pyramiden unterscheidet man einerseits nach der Art der Grundfläche, andererseits nach der Lage der Spitze zum Mittelpunkt der Grundfläche. Man spricht von einer *regelmäßig* Pyramide, falls die Grundfläche ein regelmäßiges (reguläres) Vieleck ist. Ist die Grundfläche ein unregelmäßiges Vieleck, so spricht man von einer *unregelmäßigen* Pyramide. Nach der Lage der Spitze zum Mittelpunkt der Grundfläche unterscheidet man in *gerade* oder *schiefe* Pyramiden (siehe Abbildung 4). Erstere werden dadurch gekennzeichnet, dass die Spitze lotrecht zum Mittelpunkt der Grundfläche ist. Diese Verbindungsgerade entspricht der Höhe der Pyramide. Alle Seitenflächen bestehen aus gleichschenkligen Dreiecken. Steht die Spitze nicht normal auf dem Mittelpunkt der Grundfläche, so heißt die Pyramide schief. (vgl. Barth u.A., 1994: S.152-157)

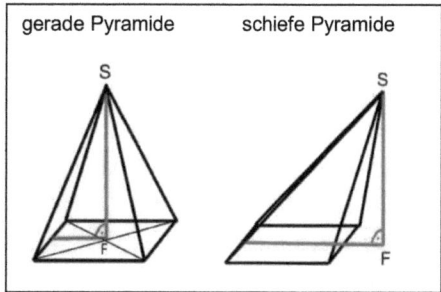

gerade Pyramide	schiefe Pyramide

Abbildung 4: Unterscheidung nach der Lage der Spitze zum Mittelpunkt der Grundfläche
Quelle: http://wikis.zum.de/dmuw/Benutzer:EmrahYigit/Vorstellung_des_neuen_K%C3%B6rpers_%22Pyramide%22

Die gleichkantige dreiseitige Pyramide ist darüber hinaus ein regelmäßiger Tetraeder, einer der fünf Platonischen Körper (Barth u.A., 1994: S. 153, S.170).

Mit der zeichnerischen Darstellung räumlich-geometrischer Objekte sowie der konstruktiven Lösung räumlich- geometrischer Problemstellungen befasst sich die Darstellende Geometrie. Sie bedient sich dabei einer Vielzahl von Abbildungsverfahren, von denen im Folgenden einige vorgestellt werden sollen.

„Das Abbildungsverfahren der Axonometrie beruht auf einer Parallelprojektion" (Klix, 2001: S.65) φ_p: $E^3 \to \pi$, wobei das räumliche Objekt auf ein kartesisches Rechtsdreibein bezogen und gemeinsam mit diesem auf die Bildebene π abgebildet wird. „Die Projektionsrichtung p darf hierbei weder zu π noch zu einer der Koordinatenebenen von KS(0;x_i) parallel sein " (Klix, 2001: S.65) Bei der Parallelprojektion wird ein kartesisches Koordinatensystem $(0;x_1;x_2;x_3)$ mit den Einheitspunkten E_i, d.h. $\overline{0E_i} = 1$, auf ein ebenes axonometrischen Achsenkreuz $(0^p;x_1^p;x_2^p;x_3^p)$ abgebildet und es gilt: $e_i := \overline{0^p E_i^p} > 0$ $(e_i := \frac{\overline{0^p E_i^p}}{\overline{0E_i}}$ Verzerrungseinheiten). (vgl. Klix, 2001: S.65)

Innerhalb der Axonometrie unterscheidet man nach den Verzerrungseinheiten in isometrische $(e_1 = e_2 = e_3)$ und dimetrische $(e_i = e_j \neq e_k)$ Axonometrie (Klix 2001: S. 68). Durch besondere Annahmen für die Projektionsrichtung p bzw. für die Bildebene π werden folgende spezielle Axonometrien unterschieden: Ist $p \perp \pi$ so spricht man von einer orthogonalen Axonometrie (axonometrischer Normalriss). Ist $p \perp \pi$ so spricht man von einer allgemeine Axonometrie (axonometrischer Schrägriss). Falls für die allgemeine Axonometrie $\pi \parallel \pi_1$ gilt, so spricht

Abbildung 5: Militärriss eines Hauses
Quelle: Klix 2004: S. 71.

man von einem Miltiärriss. Ist $\pi \parallel \pi_2$ so spricht man von einem Kavalierriss.

4. Fachdidaktische Analyse

Die Schüler beschäftigen sich im Lernbereich 2 mit der regelmäßigen geraden Pyramide. Durch diese eingeschränkte Betrachtung können sie sich ein sicheres Grundwissen aufbauen und in der Zukunft gegebenenfalls erweitern. Weitere Pyramidenarten würden über das Vorstellungsvermögen der Schüler hinausgehen und sie überfordern. Vor allem die Darstellungen wären durch einen enormen Schwierigkeitszuwachs gekennzeichnet. Grundlegende Begriffe sollen den Schülern jedoch vermittelt werden. So ist es elementar die Pyramide an sich zu abzugrenzen. Hierbei beschränke ich mich auf die Nennung charakteristischer Merkmale um den Schülern die Verarbeitung des Wissens zu ermöglichen. Neben der Unterteilung in Grund- und Mantelfläche sollen die Begriffe Spitze, Höhe, Seitenhöhe, Seitenkante, Grundkante sowie Seitenfläche vermittelt werden. Auf den Begriff des Lotfußpunktes kann verzichtet werden. Stattdessen soll vom Mittelpunkt der Grundfläche die Rede sein. Die Stützdreiecke der Pyramide werden zu einem späteren Zeitpunkt betrachtet. Leistungsstarke Schüler haben durch die Betrachtung der Seitenhöhe und der Seitenkante die Möglichkeit sie bereits zu erfassen. Der Begriff des Polygons entfällt. Innerhalb der Planimetrie sind die Schüler diesem ebenfalls nicht begegnet. Zudem ist er nicht elementar notwendig um ein stabiles geometrisches Wissen aufzubauen.

Die Einschränkung auf den Kavalierriss stellt ebenfalls eine Reduktion dar. Konstruktionen fallen den Schülern hinsichtlich der Genauigkeit, aber auch der zugrundeliegenden geometrischen Zusammenhänge äußerst schwer. Sie nun noch mit einer Vielfalt an Axonometrien vertraut zu machen, würde die Schüler klar überfordern. Um die Vielfalt der Axonometrien deutlich zu machen ist es möglich einige „ungewohnte" Schrägbilder zu zeigen. Für leistungsstarke Schüler ist auch eine angeleitete Konstruktion naheliegend. Da die Klasse 9a jedoch zwei Wochen lang keinen Mathematikunterricht hatte und die erfolgte Wiederholung demnach nicht mehr anschlussfähig ist, muss ich mich auf den Kavalierriss und damit auf eine Sicherung des Ausgangsniveaus beschränken.

5. Lernziele

Die Schüler kennen die folgenden Merkmale der Pyramide:

- die Grundfläche ist ein Vieleck
- die Mantelfläche besteht aus gleichschenkligen Dreiecken
- der Abstand von der Spitze und der Grundfläche ist die Höhe der Pyramide

Die Schüler übertragen ihre Kenntnisse zum Schrägbild auf die Pyramide:

- Kanten die parallel zur Bildebene verlaufen werden in realer Länge abgebildet
- Tiefenkanten werden in einem Winkel von 45°und verkürzt ($q = \frac{1}{2}$) abgetragen

6. Verlaufsplanung

Datum: ▓▓▓▓   **Zeit:** ▓▓▓▓   **Klasse:** 9a

Fach: Mathematik   **Fachlehrerin:** ▓▓▓▓   **Referent:** ▓▓▓▓

Lernbereich 2: Pyramide, Kreiskegel, Kugel

Stundenthema: Einführung Pyramide

Zeit (min)	UR-Phase/ Didaktische Funktion	Inhalt/Thema	Lehrer-Schüler-Tätigkeit	Methode/ Sozialform	Material
11:50-11:51 (1)	Begrüßung - eröffnen der Stunde	kurze Vorstellung Herr Eckhardt	L: lässt S aufstehen, „Guten Tag!" S: „Guten Tag", setzen sich	LV	
11:51-12:03 (12)	TÜ - reaktivieren von Wissen	geometrisches Grundwissen, Umrechnungen, räumliches Vorstellungs-vermögen	L: „Nehmt euer TÜ-Heft zur Hand und löst die folgenden Aufgaben. Ihr habt 10min Zeit." blendet Folie ein S: notieren Lösungen	EA UG	Polylux, Folie TÜ
12:03-12:05 (2)	Motivation - S für Thema aufschließen	Pyramide in Architektur	L: „Vor eurem Praktikum haben wir uns einige Beispiele für Pyramiden in der Architektur überlegt. Nennt erneut einige Beispiele." nun Merkmale erarbeiten, Darstellung, in kommenden	UG	Bild Louvre, Magneten

14

		Stunden auch Volumen, Flächen,... S: nennen Bsp.: Kirchturm, Louvre, Stadtbibliothek Ulm		
Erarbeitung 1	Merkmale der Pyramide	L: "Nennt Merkmale der Pyramide" → notiert Entscheidenden an Tafel → TB1	UG	zwei Modelle Pyramide, Tafel
Übung Schrägbildskizze	Schrägbildskizze einer quadratischen Pyramide	L: zeichnet Schrägbild an Tafel, führt Bezeichnungen ein → TB1	LV	Tafel
Übung Konstruktion Schrägbild	Louvre maßstäblich im Schrägbild konstruieren	L:"Wir konstruieren im Folgenden den Louvre im Maßstab 1:??? ...", S: konstruieren Kontrolle: S. überprüfen Schrägbild mittels Lösungsfolie L: gibt HA (Lb. S.67 Nr. 3a) auf	LV EA	Lösungsfolie
Gesamt- zusammen- fassung		L: „Wir haben und heute mit der Pyramide beschäftigt. Nennt charakteristische Merkmale." S: Grundfläche ist Vieleck, Mantelfläche aus gleichschenkligen Dreiecken, Spitze senkrecht zum Grundflächenmittelpunkt L: „Fasst die Konstruktion einer quadratischen Pyramide im Schrägbild zusammen." S: 1. Grundfläche: Tiefenlinien 45°, um Hälfte verkürzt, 2. konstruieren der Höhe,...	UG	
12:35	Vorabschiedung		L:"Ich wünsche euch noch einen schönen Tag. Ihr	LV	

	- beenden der Stunde		dürft nun einpacken."		
(1)					

7. Literaturverzeichnis

Barth, Elisabeth; Barth, Friedrich; Krumbacher, Gert; Ossiander, Konrad (1994): Anschauliche Geometrie 9. Ehrenwirth Verlag GmbH. München.

Bereits Dr., Rudolf (1964): Darstellende Geometire I. Akademie-Verlag GmbH, Berlin.

Klix, Wolf-Dieter (2001): Konstruktive Geometrie- darstellend und analytisch. Fachbuchverlag Leipzig.

Nitschke, Martin (2005): Geometrie. Anwendungsbezogene Grundlagen und Beispiele. Carl Hanser Verlag.

Sächsisches Staatsministerium für Kultus (Hrsg.) (2004/2009): Lehrplan Mittelschule Mathematik.

8. Anhang

Tägliche Übung

1. $\sqrt{1,69} = 1,3$ 2. $\sqrt{32400} = 180$

3. $73,92\text{kg} = 73920\text{g}$ 4. $42000\text{cm}^3 = 0,042\text{m}^3$

5. Ein Prisma habe eine Grundfläche von 7cm² und eine Höhe von 20cm. Berechne das Volumen des Prismas. $7\text{cm}^2 \cdot 20\text{cm} = 140\text{cm}^3$

6. Das Volumen eines Würfels mit der Kantenlänge 4cm beträgt 64cm^3.

7. Die Darstellung von Körpern im Schrägbild erfolgt mit einem Verzerrungswinkel von 45° und einem Verkürzungsverhältnis von q = $\frac{1}{2}$.

8. Wahr oder falsch? Jeder Quader ist ein Prisma. Begründe deine Aussage.
Wahr - besitzt kongruente, parallele Grund- und Deckfläche, Mantelfläche ist ein Rechteck

9. Notiere den Buchstaben des Körpernetzes, welches den folgenden Körper erzeugt.
a)   b)   c)

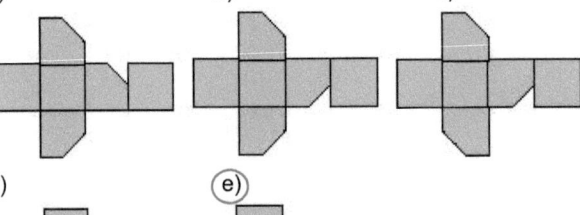

d)   e)

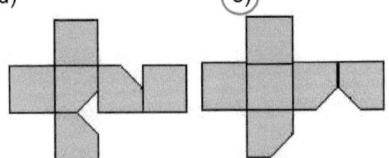

10. Gegeben sei ein rechtwinkliges Dreieck ABC ($\beta = 90°$). Berechne die Länge der Seite b, wenn a=3cm und c=4cm.

$b^2 = a^2 + c^2$

$b = \sqrt{a^2 + c^2}$

$b = \sqrt{(3cm)^2 + (4cm)^2}$

$b = \sqrt{9cm^2 + 16cm^2}$

$b = 5cm$

Tafelbild

Die Pyramide	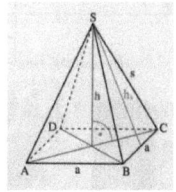 S...Spitze h... Höhe
Merkmale: - Grundfläche ist ein Vieleck - Mantelfläche aus gleichschenkligen Dreiecken - Spitze senkrecht zum Grundflächenmittelpunkt	hs... Seitenhöhe s... Seitenkante a... Grundkante ABCD... Grundfläche

Tägliche Übung

1. $\sqrt{1,69}$ =

2. $\sqrt{32400}$ =

3. 73,92kg = ... g

4. 42000cm³ = ... m³

5. Ein Prisma habe eine Grundfläche von 7cm² und eine Höhe von 20cm. Berechne das Volumen des Prismas.

6. Das Volumen eines Würfels mit der Kantenlänge 4cm beträgt ...

7. Die Darstellung von Körpern im Schrägbild erfolgt mit einem Verzerrungswinkel von 45° und einem Verkürzungsverhältnis von q =...

8. Wahr oder falsch? Jeder Quader ist ein Prisma. Begründe deine Aussage.

9. Notiere den Buchstaben des Körpernetzes, welches den folgenden Körper erzeugt.

a)   b)   c)

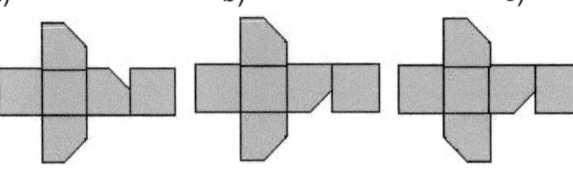

d)   e)

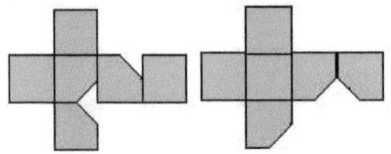

10. Gegeben sei ein rechtwinkliges Dreieck ABC ($\beta = 90$°). Berechne die Länge der Seite b, wenn a = 3cm und c = 4cm.